大家小小书
篆刻　程方平

新编历史小丛书·史话

中国古代数学史话

杜石然 著

北京出版集团
文津出版社
贵州出版集团
贵州人民出版社

目　　录

中国古代数学史话[①]

中国古代数学，和世界上其他文明发展较早的地区和国家的数学一样，在自己长期发展的进程中，逐渐形成了自己特有的模式、方法和体系，或者说形成了自己的传统。这传统，既和巴比伦数学、印度数学以及后来的阿拉伯数学不同，也和曾对世界数学发展产生了更大影响的古希腊数学不同。

一、中国古代数学的萌芽

中国古代数学是从什么时候开始萌芽的？我们远古时代的祖先从什么时候开始掌握了数的概念和形的概念？这是一个很有趣的，同时也是不容易回答的问题。因为远古时代的事情没有任何直接的文字记录，我们只能从古代流传下来的传说中推断出一些情况。

先秦时候有一部古书，书名叫《世本》。在《世本》这部书里，曾提到“黄帝使隶首作数”的传说，意思是说，数是黄帝时代有一个名叫隶首的人所作。这是一个在古代很流行的传说。但是这种说法显然是不符合历史实际的，因为数学绝不可能是某个个人的创造。正像恩格斯所说的那样："和其他所有科学一样，数学是从人们的实际需要上产生的，是从丈量地段面积和衡量器物容积、从计算时间、从制造工作中产生的。"但是这个传说却说明了这样一个事实：从很古的时候起，甚至从不能确切地说出它的年代的时候起，我们的祖先就已经掌握了数的概念了。

此外还有两个和古代数学有关的传说必须提到，那就是"结绳"和"规矩"。

古书上说："上古结绳而治。"这就是说，远古时代人们还没有使用文字的时候，是用绳打成各种结扣来记事的。不难想象，当时人们也可能是用绳扣来记数的。因为直到不久以前，世界上还有少数未开化的民族仍然保存着结绳记数的方法。

“规”和“矩”，是我们现在常用的名词，可是起源却很早。“规”，就是圆规，是用来画圆形的工具。“矩”，是像现在木工所使用的曲尺一类的东西，是用来画方形的工具。汉朝的历史学家根据传说，认为伏羲是规矩的创造者。流传到现在的汉朝的浮雕像中，就有“伏羲手执矩，女娲手执规”的图像，而且还不止一处。根据这些传说来看，规矩的产生可能是很早的。司马迁的《史记》中还提到，相传古代夏禹治水的时候，也是“左准绳”（就是左手带着水准工具和绳），“右规矩”

汉朝武梁祠造像　规矩图

（右手拿着规和矩），来进行测量和设计工作的。

古代人们对各种图形的认识也是很早的。从地下发掘出来的许多考古资料告诉我们：10万年前的“河套人”已在骨器上刻有菱形的花纹，石器时代[②]的各种工具也都具有一定的几何形状。

现在已发现的我国最早的文字，是1899年（清光绪二十五年）从河南安阳发掘出来的龟甲和兽骨上面所刻的象形文字。这种文字称为“甲骨文”，是大约3000多年以前商代的文字。其中有许多数字记录，如战争中杀死或俘获的敌人数目，狩猎时猎得的禽兽数目，祭祀时宰杀的牲畜数目，等等。例如有一片甲骨，上面刻着“八日辛亥允戈伐二千六百五十六人”。这是说，在八日辛亥那一天，在一次战争中消灭掉2656人。甲骨文中记载的最大的数目是“三万”。值得注意的是，当时已经采用了十进位制的记数方法，和现在我们所用的记数方法已经完全一致了，至少万以下的整数记法是完全一致的。由此可见，我国的记数法，从古代开始就一直是使用十进位制的。

古代保存下来的文字，除了甲骨文之外，还有一种铸在青铜器上面的文字。这种文字叫作“钟鼎文”或“金文”。据考证，这大致是周代的文字。现在我们把甲骨文、金文上面所用的数目字以及后来汉朝用来记数的文字分别介绍在下面，读者可以比较这些古代记数的文字跟现代汉字的不同。

现代：

一 二 三 四 五 六 七 八 九 十

甲骨文：

金文：

汉代：

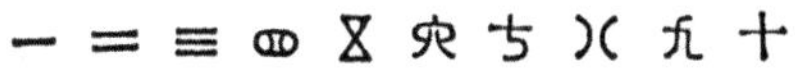

除了整数之外，我国古代认识分数也比较早。开始时还只认识一些单分数，即分子是1的分数，后来逐渐认识到一般分数，并用“太（$\frac{2}{3}$）”“半（$\frac{1}{2}$）”“小（$\frac{1}{3}$）”各字记分数。

至于整数和分数的四则运算和应用，也是相当早的。关于计算整数的加减法，究竟是从什么时候开始的，到现在人们还不能做出确切的回答。可是毫无疑问，那是很久很久以前的事了。

我们大家都知道《九九歌》这个正整数的乘法歌诀。“一二得二，二二得四，二三得六，……”，每个小学生都能背诵得很熟练。可是，这个歌诀为什么叫作“九九”呢？原来在古代，这个歌诀不是从“一一如一”开始的，而是倒过来，从“九九八十一”开始的。正因为是从“九九八十一”开始，所以叫作“九九”。“九九”这一名称就一直沿用到现在。那么，古代是从什么时候起开始使用《九九歌》的呢？据说春秋时期齐桓公曾经专门设了一个“招贤馆”来征求各方面有才干的人，但是等了很久，一直没有人前往应招。一年以后，才来了一个人，这个人把《九九歌》献给齐桓公作为进见的礼物。齐桓公觉得很好笑，对他说：“《九九歌》能够当作见面礼吗？”这个人回答说：“《九九歌》确实够不上拿来作见面礼，但是如果您对我这个懂得‘九九’的人都能重视的话，那么还怕比我高明的人会不接连而来吗？”桓公认为很对，就把他接进“招贤馆”，隆重地招待他。果然不到一个月，许多有才干的人从四面八方接连不断地前来应招了。从这个故事可见，在春秋时期《九九歌》就已被大家知晓，没什么新奇的。在许多流传下来的古书如《荀子》《管子》里面，也有关于“九九”的记载。

从19世纪末叶以来，陆续在我国西北发掘出来的许多“竹木简”③，也有些记录着《九九歌》。但是这些竹木简由于在地下埋藏过久，上面的《九九歌》已经残缺不全了，最多的只剩下十七句，有的是十四句，有的只有三五句。

上面说的，是我国古代整数和分数的概念，以及四则运算方法产生的情况。下面再谈谈古代人们用什么工具来进行计算的问题。

在古代，世界上许多民族曾经使用过各种不同的计算工具。例如巴比伦人用的是一块泥板，在上面刻字；埃及人用的是一种水草叶子[4]，在上面写字；印度人和阿拉伯人用的是沙盘，或是在地上用小木棍进行“笔算”。我国古代所用的计算工具是一种“算筹”。“筹”就是一般粗细、一般长短的一些小竹棍。中国古代的数学家们就是用这些小竹棍摆成不同的行列，表示不同的数目来进行各种计算的。这种用“算筹”来进行的计算，叫作“筹算”。“算筹”的“算”，古代写作“筭”。古代的字书《说文解字》中说：“筭，从竹，从弄。”就是说，筭字是由“竹”字和“弄”字合成的，也就是摆列竹棍来进行计算的意思。

用算筹来表示数目，有两种形式：一种是纵（直）式，一种是横式。具体摆法是这样的：

	1	2	3	4	5	6	7	8	9
纵式	𝍠	𝍡	𝍢	𝍣	𝍤	𝍥	𝍦	𝍧	𝍨
横式	𝍩	𝍪	𝍫	𝍬	𝍭	𝍮	𝍯	𝍰	𝍱

怎样使这种摆法和十进制配合起来呢？方法是：个位用纵式，十位用横式，百位又用纵式，千位又用横式，万位再用纵式，以此类推；凡是遇到零的时候，就不摆算筹，让它空着。这样，纵横相间，一直摆下去，任何数目都能够表示

得出来。例如378可摆成𝍢𝍯𝍧，6708可摆成𝍮𝍦 𝍧。这种方法和现代的笔算记数基本上是相同的。我国古代的文字都是从右到左，写成直行；可是数字记数却和现在的笔算记数一样，从左到右，排成横行。

筹算从什么时候开始出现的，现在还没有可靠的材料来做精确的说明。不过我们可以肯定，至迟在春秋战国的时候，人们已经十分熟练地运用筹算来进行计算了。到了公元前100年左右的时候，人们已经可以用筹算来进行四则运算。开平方、开立方等比较复杂的计算也可以进行了。

从远古起到公元前100年左右这段时间内，随着生产力的不断提高，各种科学技术也不断向前发展；各种科学技术的发展，又不断地推动着数学的发展。例如农业生产要求人们准确地掌握农事季节，这就必然推动着人们去进行天文的研究。但是，天文学是离不开数学的；随着天文学的发展，人们对于数学的知识也就不断地丰富起来。流传到现在的一部最早的数学著作，同时也是一部最早的天文学著作——《周髀算经》，便是这一时期由于天文学上的实际需要而积累起来的科学研究的结晶。

现在我们所能看到的《周髀算经》，已经不是最初的原书，而是经过后代的学者修改和补充过的。根据数学史家的研究，大约在公元前100年左右，这部书的内容就已经和我们现在所看到的大致相同了。《周髀算经》中记载了用标竿测日影的方法，标竿算作股，股也可以叫“髀”，日影则是勾。书中又有周公问算的内容，从而有《周髀算经》的名称。《周髀算经》主要是讲解“盖天说”⑤一派的天文学说的。

《周髀算经》这部书里面，除了关于“盖天说”以及其他一些天文学方面的记载以外，从数学的角度看，有两点值得注意：第一，这部书里记载了许多比较复杂的分数计算问题，例如 $354\frac{348}{940}\times 13\frac{7}{19}\div 365\frac{1}{4}$ 之类。这说明当时对分数的计算已经十分熟练。第二，就是关于“勾股定理”和“勾股测量”的记载。所谓“勾股定理”，是指一个直角三角形两腰的平方（勾平方和股平方）之和等于斜边（弦）的平方。这个定理很重要，据说古希腊的数学家毕达哥拉斯在证得这个定理的时候，曾宰了100头牛来表示庆祝。所谓“勾股测量”，就是指利用相似的两个直角三角形对应边成比例的关系来进行测量。《周髀算经》记载了有关这种测量的方法，如根据表（标竿）的日影的长短来

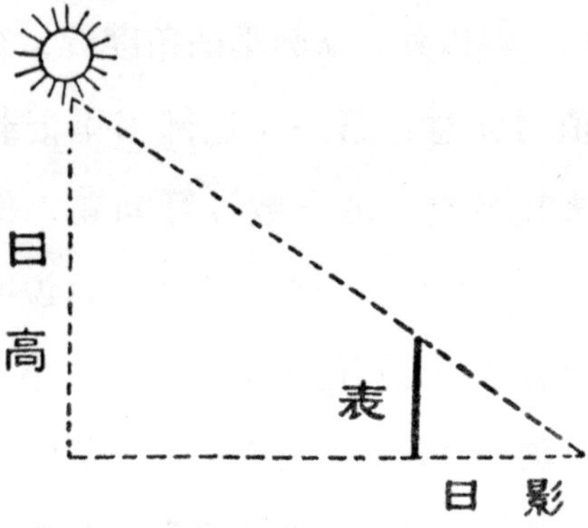

勾股测量

量出太阳的高度的方法。用这种方法来进行天文上的测量，当然不能测出正确的结果；但是用来测量地面上的远近、高低等等，是能够做到十分精确的。根据《周髀算经》中的记载，当时人们已经使用这种方法来进行地面上的测量了。由此可见，在《周髀算经》这部书出现的时候，我国古代数学已经发展到相当高的水平了。

通过我国古代人们数学知识的逐渐积累，终于形成了我国古代数学的完整体系。

二、竹简《算数书》

1984年在湖北荆州江陵张家山一

座西汉初年（不早于公元前186年）的墓葬中，发现了《二年律令》《脉书》《引书》等多种竹简以及历谱和遣册等文献资料。《算数书》就是其中的一种，因为在其中一支竹简上记写有“算数书”三字而得名。竹简《算数书》共有竹简190支，其中完整竹简有185支，总字数有7000余字。由于竹简《算数书》的成书年代比流传至今的我国最早的著名数学著作《九章算术》（约成书于公元1世纪）还要早，两者在文字内容上还有不少相似之处，而且《算数书》又是出土的实体文物，在国内外引起了广泛关注。作为国家宝贵的文化遗产，它现在被收藏于湖北荆州博物馆（镇馆之宝）。直到2000年，即《算数书》出土16年之后，全文校释方才得以认定、发表并与世人见面，足见当事人认真的态度，同时也再一次说明了《算数书》的重要地位。

竹简《算数书》每支竹简长约30厘米，宽6~7厘米，墨笔书写，隶书，每支竹简上的字数为3~38字不等。竹简上有三道苇编的痕迹，但因长期埋藏地下编绳已经不复存在，竹简呈散乱状态。每支竹简书写的方式则与《九章算术》中的每个问题相似，即书写文字也是按“问题”“答曰”“术曰”由上到下书写的。也就是说，与《九章算术》一样，《算数书》从编写方式来看也是一部数学问题集。所不同的是《算数书》并没有编辑成“章”或是“卷”。

《算数书》虽然没有编辑成章，但是它在竹简的上端，即每支竹简每个问题的上端，大都写有一两个字作为“标题”来说明该问题的属性。这些标题有：相乘、分乘、乘、增减分、约分、合分、径分、方田、少广、程禾、粟为米、粟求米、妇织、金价、刍、囷盖、圆材……。总共有62个小标题。其中有的标题就是《九章算术》的章名，所有小标题也都可以分别纳入《九章算术》各章之内。

以现代初等数学知识范畴来归纳，竹简《算数书》中的算题都是算术问题和面积、体积的计算问题：如整数和分数的四则运算、各种比例计算以及各种面积、体积的计算问题。此外也还有负数和双设法问题。内容的广度与《九章算术》也十分相似，只不过稍见逊色。

竹简《算数书》是中国现存的最早的数学著作实体，它与巴比伦的泥板算书、埃及的纸草算书、印度古算书、中世纪阿拉伯的抄本算书、牛顿与莱布尼茨的数学手稿等一道，都是全人类极为宝贵的文化遗产。

著名数学家吴文俊曾以《算数书》与埃及、巴比伦、印度的算书进行比较，他的意见是：

同埃及数学书《莱因德纸草书》相比，在计量、记数方面，《算数书》胜；在杰出意义的数学思想方面，除反比例、单假设解题法相同，其他都是《算数书》见长；在算法量多质精上

《算数书》胜。

同古巴比伦数学泥板文书相比，在方程组的解法上，各有千秋；在根号2的近似值和勾股定理的运用上，“古巴比伦”胜；在计量、记数上，《算数书》胜；在长方台、楔形体的体积公式上，《算数书》完胜。

同印度耆那教建筑《法典》相比，在计量上，《算数书》胜，在记数上，相同；在算题算法上，《算数书》胜；在几何方圆变换、不定分析上，《算数书》完败。

三、中国古代数学体系的形成

公元前221年秦始皇统一六国，到

了汉朝，社会生产力有了很大的发展。随着生产力的发展，数学也有了很大的发展。从周朝以来逐渐发展起来的中国古代数学，到了汉朝已经逐渐形成了完整的体系。著名的《九章算术》就是当时的一部代表性的著作。它总结了周、秦以来的数学研究成果，并对后来我国数学的发展产生了极大的影响。

《九章算术》这部伟大著作的作者和确切的成书年代，都已经考证不出来了。但是它确是以古代人们长期积累起来的数学知识为基础，并且经过许多人的修改和补充，方才最后完成的。这或许正是人们不能确定地指出它的作者和成书年代的原因。

流传到现在的《九章算术》，是

经过各个朝代许多数学家注解过的。根据研究的结果来看，至迟在公元100年左右的时候，《九章算术》的内容就和现在流传的本子相同了。

《九章算术》是采取问题集的形式编写的。这部书一共收有246个问题，分为九章，即九大类。这种问题集的形式对后世的影响很大，一直到很久很久以后，中国的数学著作仍然采用这种形式。各章的主要内容是：

第一章“方田”，主要是讲田亩面积的计算，还详细地叙述了分数的各种计算方法。

第二章“粟米”，是讲各种比例问题，特别是关于各种粮谷间的比例交换问题的计算方法。

第三章“衰分”，是讨论如何按比例分配的问题。例如一次狩猎共猎得五头鹿，根据大官多分、小官少分的原则，怎样分配给五个官阶大小不同的人，等等。

第四章“少广”，是讲开平方、开立方的计算方法。

第五章“商功”，是讲各种形状的体积的计算方法，如方仓、圆仓等各种形状的粮仓容积的计算，以及筑城筑堤所需土方的计算等等。

第六章“均输”，是讨论如何按人口、路途远近等条件合理安排各地的赋税以及分派工役等问题的计算方法。

第七章“盈不足”，是用假设的方法来解决某些问题。什么是“盈不足”？唐朝有一位政府官员曾用下面的数学问题来考试下级：“一天晚上，他曾在树林后边听得几个人在那里分配他们偷来的马，假如每人分6匹，还余下5匹；假如每人分7匹，又不够8匹，问一共有多少人和多少匹马。”这就是“盈不足”的问题。这个问题，在《九章算术》中就已经有着完整的解法。

第八章“方程”，是关于联立一次方程组普遍解法的叙述。这种解法和现代的“行列式解法”很相像。中国古代数学家在这一方面取得的成就是极其伟大的。欧洲直到18世纪，法国的数学家方才得出了类似的联立一次方程组的普遍解法。特别值得着重指出的是“方程”章中还引入了负数的概念以及正数和负数的加减法法则。这也是具有世界意义的成就。印度数学家到了7世纪之后，欧洲则到了16世纪之后，才产生了比较明确的负数概念。正负数的概念，在中国古代很早就被天文学家所充分掌握和利用。正、负这两个常用的数学术语，一直流传到现在。

第九章“勾股”，是应用“勾股定理”以及直角三角形相似形的各种比例关系的计算。值得注意的是，“勾股”章中还提出了二次方程的普遍解法问题。在中国古代，方程的数值解法问题都是由开平方、开立方等演算步骤中推演出来的。了解了开平方和开立方的步骤之后，求解二次或三次方程的正根，就没有什么困难了。

从上面的简单介绍中，我们可以看出《九章算术》的内容是丰富多彩的，而且是同实际生活，特别是农业生产密切联系着的。它比较全面地反映了我国古代数学高度发展的面貌，集中地显示了中国古代劳动人民的智慧和许多数学家的天才。它不仅是我国数学发展历史上的一部杰出的著作，而且在全世界数学发展历史上也占有很重要的地位。《九章算术》已被译成俄、日、德、英、法等文字出版。这部中国古代数学著作受到了世界各国科学家的重视。

前面已经说过：流传到现在的《九章算术》，是经各个朝代的许多数学家做过注解的。其中最著名的是三国时代的刘徽。在刘徽的注解中包含有许多天才的创见和补充。关于刘徽的生平，我们只知道他注《九章算术》的年代是在三国曹魏景元四年（263年），也就是约1700多年前的时候。除此以外，我们就什么也不知道了。

刘徽的注解，可以看成是对《九章算术》中所提各种算法的一些证明。他所使用的方法，按他自己的说法，就是“用文字讲清楚道理，用图形来解决

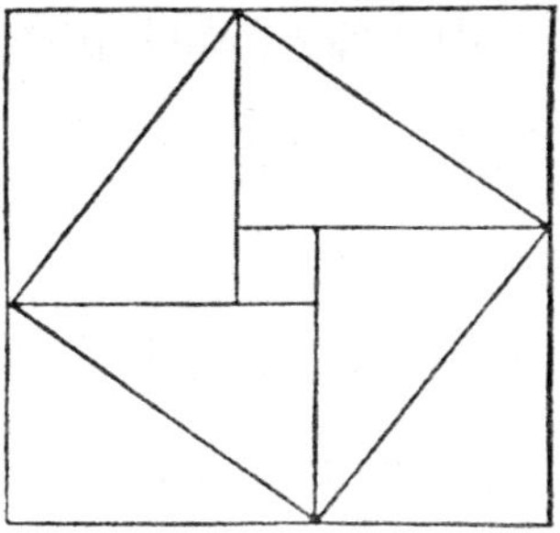

弦图

各种问题”。这种用图形的“出入相补”的方法来说明各种定理的正确，是一个很重要的直观的方法。和刘徽几乎同时代或者稍早一些的赵爽，也曾用图形的方法来证明各种几何问题。像利用上面的“弦图”，可以证明“勾股定理”和许多重要的几何学问题。

刘徽最主要的成就是关于圆周率的计算。我们知道，正确的圆周率等于3.1415926……，是个不尽小数。《九章算术》中的各种问题是按圆周率等于3来计算的，这当然不精确。刘徽指出了这种错误，并且提出了他自己计算圆周率的方法。刘徽是由圆内接正六边形算起，再算正十二边形、正二十四边形、正四十八边形，直算到正九十六

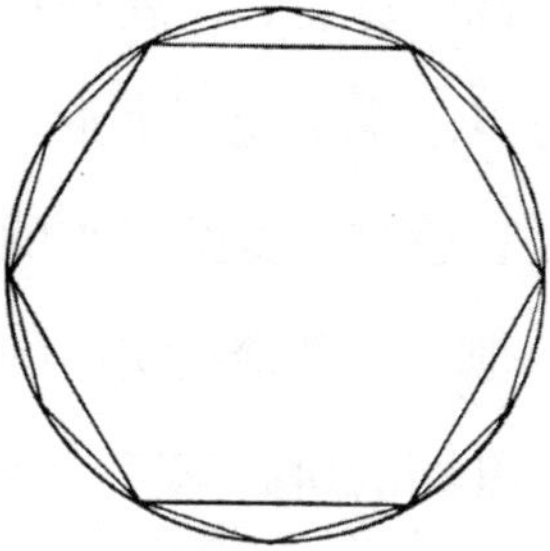

刘徽割圆示意图

边形，求得圆周率等于$3.14\frac{64}{625}$或$\frac{157}{50}$（相当于3.14）。刘徽这种使内接正多边形边数逐渐增加、边数越多就越和圆周密切贴合的思想，在当时的条件下是非常难得的。他的这种思想相当于现代的“极限”思想，对中国数学家们关于圆周率的计算，产生很大的影响。

刘徽研究学问的态度是严肃的。他对于自己还没有求得的东西，如球体体积的精确计算公式，就把自己感到困难的地方老老实实地写出来。用他自己的话来说，就是“留给后来的聪明人去解决”。他的这种踏踏实实的学风以及为后来人开路的研究态度，都是值得人们学习的。

三国之后，经过晋朝短时期的统一，中国又形成了南北朝对峙的局面。由于北方各族统治者的长期混战，大量的人口迁移到了南方，使南方的经济有了迅速的发展。随着经济的发展，科学文化也得到了进步。伟大的科学家祖冲之（429—500年）便诞生在这样的时代里。

根据现在流传下来的资料来看，祖冲之在数学方面的最大成就要算是关于圆周率的计算。按古代历史书《隋书·律历志》的记载，假如以一丈作圆的直径，祖冲之求得圆周长度应该在三丈一尺四寸一分五厘九毫二秒七忽和三丈一尺四寸一分五厘九毫二秒六忽之间。这就是求得了圆周率在3.1415927和3.1415926之间。祖冲之在公元6世纪的时候就能算得如此精确的圆周率，是具有世界意义的。一直到了16世纪，中央亚细亚国家的数学家算得小数点后16位准确的圆周率，这才超过了祖冲之所保持的小数点后7位准确的记录。

祖冲之为了当时社会使用便利起见，还得出了两个分数值的圆周率。比较精密一点的叫作“密率”，就是$\frac{355}{113}$

（相当于3.1415929）。这是一个和正确的圆周率极相接近的数值。欧洲直到公元16世纪下半叶，方才有人得出了这个分数值，比祖冲之迟了1000多年。另一个比较简单一点的分数值是$\frac{22}{7}$（相当于3.14）。由于它比较简单，用起来也十分方便。

本来，人们经常应用的圆周率，达到小数点后4位已经足够精密了。那么，祖冲之关于圆周率的研究成果又有什么意义呢？一位德国数学家讲得很好：在数学发展的历史上，许多国家的数学家都曾寻找过更加精密的圆周率，因此圆周率的精密程度可以作为衡量这个国家数学发展水平的标志。根据这种说法，我们就能够认识到，祖冲之的光辉成就充分表现了我国古代数学高度发展的水平。

祖冲之之所以能取得这样伟大的成就，并不是偶然的。他在青年时代，研究学问就从不迷信古人。他在虚心向古人学习的同时，也敢于推翻古人错误的结论，敢于提出自己大胆的想法，并且用实际的考查来验证自己的想法是否正确。祖冲之不但是一位数学家，同时也是一位天文学家。

祖冲之不仅受到祖国人民的敬仰，同时也得到全世界的普遍推崇。1960年，苏联科学家们在进一步研究了月球背面的照片之后，用许多世界上最著名的科学家的名字来作为月球背面的山谷和圆谷的名字，祖冲之就是其中的一个。

祖冲之的儿子祖暅，也是有名的数学家。他天才地解决了曹魏时代刘徽所遗留下来的问题，算出了球体体积的精确公式。他算出这个精确公式虽然比欧洲迟，可是他所用的方法是十分巧妙的。

从南北朝到隋朝这段时期，中国的天文学有了进一步的发展。历法的不断改进，要求采用更加精密的计算方法。“内插法”，或者按照现代数学术语更准确地说是“等间距二次内插法”，正是这个时期隋朝天文学家刘焯（544—610年）首先引用的。

什么是“等间距二次内插法”？我们知道，1，2，3，4，5，6……

等数的中间数值就是1.5，2.5，3.5，4.5，5.5……。它们的求法就是把相邻二数加起来再用2来除，如（2+3）÷2=2.5，（3+4）÷2=3.5，等等。这是很简单的。但是求1，2，3，4，5，6……等数的各自平方数1，4，9，16，25，36……的中间数，即根据已知的$2^2=4$，$3^2=9$等来求$(2.5)^2$等，就不能用上面的方法。因为（4+9）÷2=6.5，而实际上$(2.5)^2$却等于6.25。未作平方之前的1，2，3，4，5，6……等数，彼此之间的间距都是1，因此把平方后的1，4，9，16，25，36……称为“等间距二次数”。根据已知的“等间距二次数”来求它们的中间数，就不简单，需要创立公式。刘焯就是引用这些“等间距二次内插法”或“内插法”公式的第一个人。例如他掌握了上面1，4，9，16，25，36……等数之间的关系，就可以算出 $(1.5)^2$，$(2.5)^2$……，以及 $(1.7)^2$，$(2.8)^2$……$(6.37)^2$等等。刘焯在公元6世纪便掌握了这种“内插法”，这实在是一项杰出的创造。

这段时期的数学书籍，除《周髀算经》《九章算术》之外，还有《孙子算经》《五曹算经》《张丘建算经》《夏侯阳算经》《数术记遗》、刘徽的《海岛算经》、甄鸾的《五经算术》等等，这些著作都流传了下来。祖冲之说明计算圆周率的《缀术》、董泉的《三等数》等，却失传了。特别是祖冲之的《缀术》未能流传到现在，是十分可惜的。

《孙子算经》里记载了一个很有趣的问题。这个问题在数学史上很有名，被人们叫作“孙子问题”。它是这样的：有一个数，不知道它是多少，但知道假如三个三个地数，余二；五个五个地数，余三；七个七个地数，余二；问这个数目是多少。《孙子算经》书里载有这个问题的求法。又因这个问题在民间流传得十分广泛，所以宋代的一本笔记书里曾记有如下的四句诗，说明这个问题的解法：

三岁孩儿七十稀，
五留廿一事尤奇，
七度上元⑥重相会，

寒食[7]清明便可知。

第一句是指用“三”数后的余数去乘70，第二句是指用“五”数后的余数去乘21，第三句是指用“七”数后的余数去乘15，第四句是指把乘得的三个结果加起来再减去105的倍数，便得到答案。明万历二十年（1592年）写成的数学著作《算法统宗》中又另编有四句诗：

三子同行七十稀，
五树梅花廿一枝，
七子团圆正半月，
除百零五便得知。

它的意义仍和上面所说的一样。“孙子

问题”也并不是没有实际意义的。它和当时天文学家的计算有很密切的关系，另外也还有其他的应用。这在宋代数学家秦九韶的著作中，有详细的论述。

四、中国古代数学的高度发展

隋朝的时候，兴修了像大运河等很多巨大的土木工程。这种大规模的土木工程在数学上也有所反映。唐朝初年王孝通所写的《缉古算经》，便是具体的例证。王孝通在这部书中讨论了筑堤上下宽狭不一致、两头高低不一致之类的堤坝的体积问题。这是过去所未曾提出过的问题。在解决这类问题时，王孝通还第一次引入了一般三次方程的解法，这种解法是由开立方的方法推演出来的。《缉古算经》在当时是一部比较高深的书籍，王孝通把这部著作看成是自己一生研究的结晶。

从隋朝开始，国子寺就设有算学（馆），专门教授数学。唐朝继续采取了这种制度。唐显庆元年（656年），由李淳风等人审定了10部数学书来作为教科书。这就是著名的《算经十书》，其中也包括了不少李淳风等人的注解。这10部书就是：《九章算术》《海岛算经》《孙子算经》《五曹算经》《张丘建算经》《夏侯阳算经》《周髀算经》《五经算术》《缉古算经》《缀术》。另还附有《数术记遗》《三等数》两书。

在上述10部书当中，比较难学的《缉古算经》，规定要学3年，《缀术》学4年；其他各书分别规定要学1年、2年或在1年之内就学完。学生分成两组，一组专学较难的后两种，其余一组学另外的8种，皆7年毕业。毕业考试及格的，就可以充当一名小官。考试的范围就以这10部书为限，学生只要把书中的题目死死记住，就能够有把握通过考试。因为当时唐朝统治者设立“明算”这一科的目的，根本不在于发展数学，而仅仅是在于培养低级官吏，所以这种数学教育制度不可能使人们独立思考和自由研究。事实上，在这种制度下，连一个稍稍著名一点的数学家也没有培养出来。数学发展的主要推动力量在于生产实践，在于人民大众的实际生活需要。

首先，在天文学方面，唐朝僧人一行比刘焯更进一步，采用了“不等间距二次内插法”。其次，由于经济不断发展，特别是商业和手工业的发展，计算的任务日渐增多，也日渐繁重，原来的筹算已经不能适应，需要加以简化。

从唐朝末期起，便开始了对筹算乘除法的改进，同时出现了各式各样的简捷算法。这一趋势，到了宋朝仍然不断地向前发展。宋朝著名的科学家沈括（1031—1095年）说，数学的方法应该是“见繁即变，见简即用”。他这句话非常精练地概括了这种要求简化的趋势。

到了13世纪，乘法已经采用了“留头乘”[8]；特别是除法产生了“九归歌诀”“撞归歌诀”“飞归歌诀”以及“以斤求两价”等的歌诀。这些歌诀起初只是在筹算上应用，后来珠算也加以应用了。这些歌诀的内容和作用，我们将在下节中加以说明。此外还需要说明的是，13世纪时我国已正式采用了零的符号，已知小数的作用，并且知道用循环小数等等，这都是以前所没有的。

宋、元两朝的数学，也有很大的发展。特别是在13世纪，出现了大批的杰出人物，像秦九韶、李治[9]、杨辉、朱世杰等一系列伟大的数学家。他们的主要著作有：秦九韶《数书九章》十八卷（1247年）；李治《测圆海镜》十二卷（1248年）、《益古演段》三卷（1259年）；杨辉《详解九章算法》十二卷（1261年，现存本不足）、《日用算法》二卷（1262年，现存本不足）、《杨辉算法》七卷（1274—1275年）；朱世杰《算学启蒙》三卷（1299年）、《四元玉鉴》三卷（1303年）。

以上这些著作，现在都有传本。此外还有些著作，如《丁巨算法》《透帘细草》等书，也一直流传到现在。后面这几种，我们统称为13世纪、14世纪的中国民间数学，因为它们是民间学者所写的书。

这些著作所涉及的范围之广，所取得的成就之大，都是过去的著作所不及的。其中更记载了许多具有世界意义的成就。

早在汉、唐时期，中国古代的数学家们就已经知道开平方、开立方和解二次、三次方程的方法。约在10世纪，中国古代的数学家们为了适应当时的需要，又在原来的基础上找到了解三次以上高次方程的方法；李治《测圆海镜》共有170题，其中有十分之一是需要列出四次方程之后再进行求解的。同时他们还创制了“开方作法本源”图——二项展开式系数所构成的表，如：

$$(x+a)^0=1$$

$$(x+a)^1=x+a$$

$$(x+a)^2=x^2+2ax+a^2$$

$$(x+a)^3=x^3+3ax^2+3a^2x+a^3$$

$$(x+a)^4=x^4+4ax^3+6a^2x^2+4a^3x+a^4$$

它的系数所构成的表就是：

				1				
			1		1			
		1		2		1		
	1		3		3		1	
1		4		6		4		1

而其中：$x^3+3ax^2+3a^2x+a^3=0$又可以看作是三次方程，$x^4+4ax^3+6a^2x^2+4a^3x+a^4=0$又可以看作是四次方程等等。这个“开方作法本源”图，在欧洲一向认为是法国数学家巴斯加所发现的（1654年），因而称作“巴斯加三角形”。其实早在10世纪，我国数学家贾宪就已经在他的著作中首先引用了这个图。同时期的数

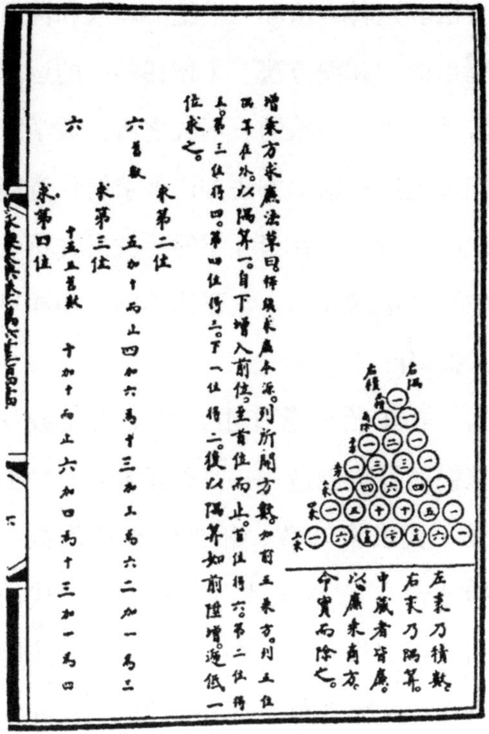

“开方作法本源”图

学家们还得出了一种新的开任意次方的方法。这种方法和19世纪英国人和涅所提出的“和涅方法”（1819年）的运算步骤几乎是一致的。不久之后，数学家们又把这种新的方法推广到求解任意高次的方程。这在秦九韶的《数书九章》中有详细的介绍。它要比英国人和涅早500多年。

在李治的著作中记载了当时数学家们的另一创造——“天元术”。“天元”代表未知数，相当于现代代数中的“x”。“天元术”，相当于现代的列方程，即设未知数x表示某某，按题设条件对x进行计算的方法。因古代筹式都是直行的，所以上面三次方程 $x^3+3ax^2+3a^2x+a^3=0$ 天元式的表示形式如下：

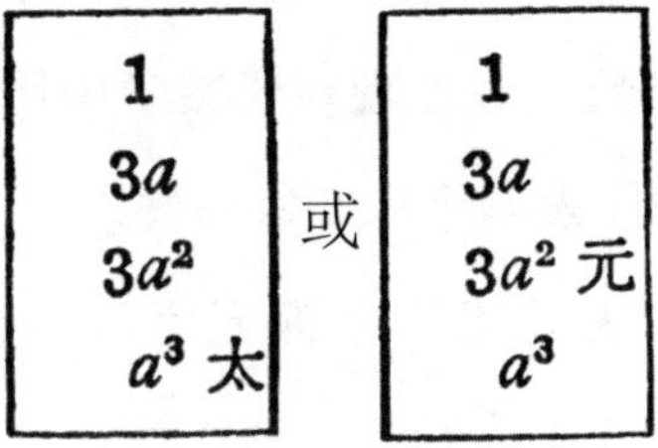

右旁注“太”字的项，是不含未知数的项，现称“绝对项”。其上一项就是含未知数x的一次项，再上去依次是x的二次项、三次项等等。或在含未知数x的一次项右旁注“元”字（即“天元”），则其下一项是绝对项，其上依次是含未知数x的一次项、二次项、三次项等等[10]。

“天元术”又很快地推广为“四

元术”。“四元术”就是以天、地、人、物四个字作“元”，分别代表四个未知数，好比现在代数学中用x、y、z、u来代表四个未知数一样。

“天元术”“四元术”等都是借用文字代表未知数，列成算式，从而把未知数推求出来的计算方法。所以阮元著的《续畴人传序》中说：“宋、元间算法，所指太极、天元、四元、大衍等名，皆用假判真，借虚课实[11]，以为先后彼此地位之分别耳。”元朝朱世杰的著作《算学启蒙》（1299年）、《四元玉鉴》（1303年）可以作为这种计算方法的代表。到了朱世杰的那个时期，中国数学家们已经可以求解多元高次联立方程组了。高次方程的数值解法，是这一时期中国数学最主要的成就。

在《九章算术》一书中，曾经提到等差级数和等比级数。这个时期，在各种级数求和问题等方面也有着辉煌的成绩，特别是元朝郭守敬（1231—1316年）、朱世杰等人更在级数求和问题的基础上，解决了高次招差的问题，提出了具有普遍意义的公式。郭守敬就是用这种更加精密的招差法来计算有名的《授时历》的。

此外，宋、元两朝的数学家们在代数学中联立一次同余式的解法，几何学中平面割圆、球面割球等方面，也都取得了很大成就。其中联立一次同余式的解法，在欧洲一直到18世纪的时候，才被一些著名的数学家发现，比中国要迟得多。在一般的西方国家的数学书籍中，有时把这个定理叫作“中国剩余定理”。

这个时期中国数学家所取得的成就，有许多项要超过西方国家几百年。这些事实可以证明，中国古代数学在很多方面一直处于领先地位。

在这一段时间内，中国与印度、阿拉伯帝国以及朝鲜、日本、越南、泰国等国家的文化交流日益发展。印度数学和阿拉伯数学传入我国以后，所产生的影响并不十分显著；而中国数学对朝鲜、日本等国的影响则是很明显的。这两个国家都采用了中国当时所采用的数学教育制度和数学教科书，如《算经十书》等。在1419—1450年间（朝鲜世宗元年至三十二年），朝鲜刻了《算学启蒙》；1433年（朝鲜世宗十五年）又刻《杨辉算法》。直到1794年（日本宽政六年），日本还有人传刻中国的《孙子》《五曹》《海岛》《五经》《夏侯阳》等五种算经。

五、由筹算到珠算的演变

在上节中，我们叙述了宋、元两个朝代中国数学的巨大发展。但是值得注意的是，这种发展趋势没能进一步地继续下去。特别是对天元术和四元术的研究，在14世纪以后，就逐渐衰退；到了15世纪，明朝的一些数学家对天元术、四元术几乎已经全然不能理解了。例如数学家顾应祥在对李治的《测圆海镜》进行注释时说道："虽经立天元一，反复合之，而无下手之术。"他把李治原书中有关天元术的算草完全删掉了。从元末起，一直到清朝初年的几百年中间，根据现有的史料来看，我们还找不到任何一位数学家对前一辈的成就能有较好的理解。天元术和四元术几乎成了"绝学"。

为什么会产生这种现象呢？为什么这些在今天看来是十分伟大的成就，在当时却得不到继续发展呢？

原因是多方面的。其中最主要的就是因为这种发展脱离了当时的社会需要，脱离了社会生产实际。我们今天查考关于天元术的实际应用，仅在元朝的少数民族科学家沙克什所著的《重订河防通议》[12]和郭守敬等人所编的《授时历》（1281年）中见到一些。就在《重订河防通议》中，也仅仅用到二次方程；而《授时历》编好之后，又沿用了数百年之久，一直没有进行过任何比较认真的修改。从《测圆海镜》《益古演段》《四元玉鉴》等几部讲述天元术、四元术的主要著作看来，其中绝大多数的问题都不是来自社会生产实践，而是由假设出发的。这些问题又都比较艰深，不易被人理解。这种脱离当时社会实际的情况，便是这些算法得不到继续向前发展的最主要的原因。

此外，封建社会的科举考试制度

以及在明朝占据统治地位的唯心主义的“理学”思想等等，也是科学发展的障碍。

社会生产实践的需要是科学发展的基本动力。天元术和四元术既然脱离了当时生产实践的需要，自然就不可能得到进一步的发展。那么人们不禁要问：当时的社会生产需要究竟是些什么呢？当时的生产实践对数学所提出的要求又是什么呢？

1368年建立起来的明王朝，从它开国之初到16世纪末叶，整个社会经济的发展虽然有起有伏，但总的趋势是上升的，从而形成了宋、元以来历史上从未有过的繁荣局面。首先，在手工业方面，纺织、采矿、冶铸、制盐、陶瓷、造纸、印刷等各种行业都得到了很大的发展。手工业的发展又推动了商业贸易的发展，全国各地出现了许多繁荣的商业城市。海外贸易也很发达。

社会经济的发展，对数学提出了日益繁重、日益复杂的计算任务，尤其是进行商业贸易所必须的各种计算。它要求人们计算得更快、更多和更加准确。古代流传下来的筹算已经不能完成这项任务了，因此必须对筹算进行彻底的改革。

上一节中我们曾经提到，在唐朝末年就开始产生改革筹算的要求。中间经过宋、元两代的发展，到了明朝中叶，这种要求就更加迫切了。于是，在中国古代筹算的基础上，一种新的计算工具——珠算盘，就被创造出来了。

珠算的出现，是我国数学史上的一件大事。这种携带非常方便、使用方法又极其简单的计算工具，至今仍然保留着许多优点，这些优点是其他任何一种计算工具都不能相比的。例如一般的加减法计算，用算盘就比用手摇计算机便利得多。用计算尺根本不能进行一般日常生活中所广泛遇到的加减法计算。

珠算是在什么时候产生的呢？由筹算演变为珠算又需要哪些条件呢？

到了14世纪、15世纪的时候，人们已经对中国古代传统的计算工具和计算方法——筹算，做出了许多改进。当时不但有了筹算的各种简捷算法，并且在这个基础上，产生了筹算的“归除”“撞归”“起一”“化零”等一系列的歌诀。

“二一添作五，逢二进成十……”之类的“归除”歌诀，这是大家所熟悉的。这一类的歌诀，最初见于杨辉的《乘除通变本末》（1274年）一书中。杨辉把它称为“九归捷法”。它的形式与各句口诀的前后次序，和流传到现在的这一类的歌诀略有不同。后来在元朝朱世杰所著《算学启蒙》一书中，这些口诀从“一归如一进，见一进成十；二一添作五，逢二进成十；……”起，直到“……九归随身下[13]，逢九进成十”，共组成36句，和现在我们所用的口诀已经一致了。

在这以前，进行除法运算时，总要经过一番“商议”，才能得出商数，因此除法的得数才叫作“商”。有了“归除”歌诀之后，一呼便可得出商数，毫不费力。不够除时又有“起一”诀；除数和被除数首位数字相同时，又有“撞归”歌诀。除法显然得到了简化，不过这个时候仍然是用算筹来进行计算的。在有了各种简捷算法的情况下，特别是有了歌诀之后，乘除法只要一呼便可得出积或商的情况之下，筹算这种计算工具就显得十分落后了。于是，人们用一粒粒的算盘珠来代替一根根的算筹，把算珠穿起来，这样就可以用拨动算盘珠来代替摆列算筹。用横梁上的珠表示五，下面的珠表示一，这是和筹算相类似的。珠算盘就是这样在古筹算的基础上演变而成的。

珠算究竟产生于什么时代，它的最初的创造者是谁，直到现在都还没有确切的答案。这种情况，恰好说明了珠算是整整一个时代的产物，是广大人民群众集体智慧的创造。

据推断，至迟在15世纪初期，珠算盘已经在社会上广泛应用了。在明景泰元年（1450年）吴敬所著《九章算法比类大全》中，虽然还没有明确地说明珠算盘这种计算工具，但从其中个别字句中已经可以看到只有珠算才可能有的算法。流传到现在的、对珠算进行系统介绍的第一部书，是明万历元年（1573年）徐心鲁所校订的《盘珠算法》。

在明万历六年（1578年）柯尚迁所著的《数学通轨》中，载有一个十三档的算盘图，称为“初定算盘图式”，形状是上两珠，下五珠，中间用横梁隔开，这已经和现代通行的算盘完全相同了。

流传下来的珠算书中，影响最大的，是明万历二十年（1592年）程大位所著的《直指算法统宗》。程大位是一个商人，20岁以后曾在长江中下游一带经营商业。《直指算法统宗》出版的时候，他已经是60岁了。从他为这部书所写的序文来看，这部书是他参考了各种书籍，并根据自己的体会而编写出来的。这是一部很重要的著作。从它流传的时间和覆盖面来看，那是中国古代数学史上任何著作都不能与它相比的。在

程大位像

程大位《算法统宗》师生问难图

明朝和清朝，这部书流行全国各地，有各种各样的翻刻本和改编本。清康熙五十五年（1716年），程大位的后代程世绥在翻刻本的序文中说：“这本书出版以后，风行国内一百几十年。凡是研究算法的人几乎是人手一册，就像考科举的人对待‘四书五经’一样，奉之为经典。”直到现在，我们还可以在全国各地看到这本书的各种版本，还可以听到老一辈的人十分熟练地背诵出书中的口诀，谈论其中有趣的数学“难题”。

建立在筹算基础之上的天元术、四元术虽然失传了，但珠算产生了。珠算适时地满足了当时的社会生产实践所提出来的要求。从此，数学更加广泛地成为亿万人民所掌握的工具了。

珠算盘还曾流传至朝鲜、日本、越南、泰国等地，对于这些国家的数学发展，也起了重大的影响。

六、西方数学的传入

到了明朝万历前后，十五六世纪的时候，中国社会经济虽然有了很大的发展，但是占统治地位的仍然是封建经济。然而欧洲却在这个时候已开始向资本主义社会转变，到了16世纪、17世纪便进入了资本主义社会。当时欧洲的科学有了很大的发展。资本主义的发展，一开始就是与寻找原料产地、国外市场和雇佣廉价劳动力等对外的经济侵略活动分不开的。16世纪80年代，西方资本主义国家便开始对中国进行侵略。作为侵略中国的“开路先锋”的，除了海盗商人之外，还有不少传教士。从此以后，西方国家的科学就随着传教士的活动而传入了中国。

明万历九年（1581年），耶稣会教士意大利人利玛窦来中国传教。他到达广州以后，把随身带来的欧洲式日晷[14]、自鸣钟、地图等献给当地官吏，买得他们的欢心。从此以后，他就逐步深入内地，进行传教活动。当时明朝所用的《大统历》和《回回历》，已经不合天时；特别明显的是用这种历法推算出来的日月食出现的时间，和实际不相符合。传教士就向明朝政府建议译书改历，并以数学为基础，开始编译西方科学书籍。

明万历三十四年（1606年），徐光启和传教士共同翻译了《几何原本》[15]的前六卷。这是正式传入中国的第一本西法算书。他们还编译过《同文算指》《圜容较义》《测量法义》《测量异同》《勾股义》各书。

传教士更主要的活动是编制历法，因为他们企图通过这种活动来取得明朝皇帝的信任，以便于传教。明朝末年徐光启和李之藻编著的《崇祯历书》一百三十七卷，就是根据利玛窦介绍的西方历算法编成的。这部书到清朝又继续修订，清顺治二年（1645年），在原有《崇祯历书》的基础上，重新编成了

《新法历书》一百卷。在民间，还有《天学初函》五十二卷和《历学会通》五十六卷流传着。

当西方历算法开始传入我国的时候，曾经引起了一场关于新旧历法问题的争论。由于旧历算家的科学水平低下，他们失败了。清顺治元年（1644年），开始采用西洋新法造《时宪历》，并且把钦天监[16]印信交给传教士汤若望掌管。从此以后，一直到清道光十七年（1837年），钦天监始终掌握在外国传教士手里，前后约有200年之久。

在16—17世纪，传入中国的数学有笔算、代数学[17]、对数术、几何学、割圆术、平面、球面三角术、三角函数表以及一部分圆锥曲线说。当时微积分学在欧洲虽已建立，但是因为从西洋来到中国的传教士的数学水平不高，没有能把这一门数学传到中国来。

传教士除了以上这些活动之外，为了进一步博取清朝政府的信任，还教康熙皇帝学了一些西洋历算方法，编成《律历渊源》一百卷，其中《数理精蕴》专论数学。西方历算的输入，到这时为止，可以算是第一阶段。

到了雍正年间，清朝统治者对外采取“闭关”政策。在这种形势之下，数学家们又转向古代数学的研究和整理。他们把古代的《算经十书》，以及宋、元数学家秦九韶、李治、朱世杰等人的著作，都重新加以整理刻印。其中有些书曾被收入《四库全书》之中。

在近世，约有500人写了1000种以上的数学著作，其中比较著名的作者有：

梅文鼎（1633—1721年）

陈世仁（1676—1722年）

明安图（？—1765年）

焦循（1763—1820年）

汪莱（1768—1813年）

李锐（1773—1817年）

项名达（1789—1850年）

罗士琳（1789—1853年）

董佑诚（1791—1823年）

戴煦（1805—1860年）

李善兰（1811—1882年）

他们之中，有的加工整理西洋输

入的算法，起了承前启后的作用，如梅文鼎编有《梅氏历算全书》三十种，七十五卷；有的访求宋、元旧作，加以注解。另外如陈世仁、明安图、李善兰等人，他们对西洋传教士传入中国的割圆术、对数术、三角术、圆锥曲线说以及我国旧有的剩余定理、整数论、方程论、级数论等，又做了详细的解说和论述，取得了丰富的研究成果。这些研究成果，虽然大多数都比欧洲为迟，但都是在独立研究中得出的，因此他们的工作是值得人们尊重的。

自从1840年的鸦片战争打开了中国闭关自守的大门以后，随着西方资本主义列强对中国的侵略日益加深，西方数学也进一步输入我国，这是西方数学输入的第二个阶段。值得提出的是，李善兰翻译了《代微积拾级》（1859年）、《代数学》（1859年）等书。在这个时期，解析几何学和微积分学也传入了我国。其后，还有华蘅芳（1833—1902年）等人，在介绍欧洲近代数学方面也做了不少有价值的贡献。

与此同时，西洋传教士和教会还在中国开办了许多学校，懂得近代西方数学的人，也就日渐加多。到了19世纪末，中国自己也改革了学制，创办了学堂。数学教科书也换上了和资本主义国家大致相同的一套。去外国留学专攻数学的人也逐渐增多了。到了20世纪20年代，中国数学家已经在现代数学研究领域内开始做出成绩。从此以后，中国数学史便开始进入了现代数学时期。

注释：

①本章是中华书局“历史小丛书”之一，与李俨合署，1961年初版、1964年再版，1987年又被收入《古代文化专题史话》之中（第39—73页，中华书局）。

②考古学上把人类历史的最初阶段，叫作石器时代。这个时期，大约经历了两三百万年，劳动的主要工具是石器。

③东汉以前，纸很少见，记事一般都写在竹片或木片上，称之为竹木简。

④应为纸莎草。——编者注

⑤盖天说主张：“天象盖笠，地法覆盆。”这是说天好像是一顶尖草帽，而地好像是一只倒过来的盆子。

⑥上元，指农历正月十五，就是“元宵节”。

⑦“寒食节”刚好是冬至后的第105天。

⑧相当于现在珠算中的“留头乘法”。

⑨李治，《元史》作李冶，是同一人。

⑩也可以倒过来写，即“太”在上，其余在下。

⑪假定未知数为已知数，用一个字来代表它，从而推求实际解答。

⑫著于1321年，是一部有关水利

工程的书。

⑬九一下加一，九二下加二……

⑭根据日影来测定时刻的仪器。

⑮古希腊一部著名的数学著作。

⑯明、清中央政府里掌管天文、历法的官署。

⑰当时叫作西洋借根法。

传统数学和中国社会

中国传统数学，在长期的发展进程中，产生了不少杰出的数学家和数学著作，取得了许多举世瞩目的成就。对这些成就的研究，在过去，曾是中国数学史研究的主要课题。近年来，对产生这些数学家、数学著作和成就的原因，对传统数学的形成和发展，对中国古代数学与古希腊数学的对比研究，对中国数学、印度数学、阿拉伯数学之间的交流关系及比较研究，对西方数学传入中国等问题，逐渐引起人们越来越多的兴趣。

下面仅想就传统数学和中国社会这一问题，分别按传统数学体系的形成、传统数学发展的高潮、西方数学的传入等三个不同的历史阶段，谈谈自己粗浅的看法。

一、传统数学体系的形成和汉唐社会

中国古代数学经过了长时期的原始阶段的积累，逐渐形成了自己的体系。大约成书于公元1世纪的《九章算术》，可以作为这一体系形成的标志。《九章算术》收有246个数学问题，按方田（田亩面积计算）、粟米

（比例交换）、衰分（比例分配）、少广（开方、开立方）、商功（体积计算）、均输（按比例分摊赋税）、盈不足（盈亏问题）、方程（一次方程组解法、正负数）、勾股（依勾股定理计算的各种问题）等分为九章。从它的内容来看，包括了古代封建社会可能提出的各种计算问题。其中虽然有面积、体积以及利用勾股定理所进行的各种计算问题，但以《九章算术》为代表的中国古代数学体系的主要成就，显然是在算术（分数、比例）和代数（开方、正负数、一次方程组）方面。

以计算见长，主要成就在算术、代数方面，与古代封建社会的实际需要密切相关联。这些都是中国古代数学体系的显著特色。这种特色在其后的发展过程中，不断地得以保持和发扬。到了唐代，经过历代数学家的努力，中国古代数学已经形成了以《算经十书》（《九章算术》是10部算经之一）为代表的更加完备的体系。

中国古代数学体系的形成和完备，和中国封建社会的形成、巩固和发展是密切相关联的。一般认为中国的封建制度大致开始形成于春秋战国之交，发展于整个战国时期，而在秦汉时期得到了巩固，在汉唐之间的千余年中得到较大发展。正如文艺复兴时期，伴随着资本主义在欧洲的兴起，科学技术曾经得到空前繁荣一样，在战国秦汉时期，伴随着封建主义在中国的兴起，包括科学在内的社会文化也产生了空前的高涨。与数学一道，中国古代的天文学（历法、天文仪器、宇宙理论）、农学（深耕细作、灌溉施肥等）、医学（以《内经》《神农本草》等为代表）等也都在这一时期形成了自己的体系。

中国古代数学体系的形成，和农学、医学、天文学等体系的形成一样，和中国封建社会的政治、经济，尤其是和哲学思想等都存在着密切的关系。先秦诸子百家争鸣的出现，对科学技术的发展来说，是一个很重要的社会条件。

和中国的战国、秦汉时期数学迅速发展遥相呼应的，是在西方出现了对世界数学发展产生重大影响的古希腊数学（以欧几里得《几何原本》为代表）。把《几何原本》和《九章算术》进行比较，可以明显地看出古希腊数学精于逻辑的演绎推理和探讨各种几何问题，而中国古代数学则是长于计算，精于算术和代数。从东西方不同数学体系的产生时代来看，《几何原本》产生于古希腊奴隶制相对稳定的时期，而《九章算术》则产生于中国封建社会的上升和巩固时期。古希腊数学家大都是奴隶主或依附于奴隶主的哲学家，他们通过对自然规律的探索来有意识或无意识地论证奴隶社会和整个宇宙都像数学一样和谐和巩固。而中国古代的数学家大都是封建朝廷的官僚或士大夫，他们要做的则是计算田亩面积、计算堤沟仓窖的体积、合理分摊赋税、编造历法等等，以此来发展封建社会的经济，巩固封建王朝的统治。

总之，这二种特色不同的数学体系都是不同的特定社会条件下的产物。

二、中国古代数学发展的高潮和宋元社会

经过汉唐千余年的发展，中国古代数学到了宋元时期出现了新的高潮，出现了秦九韶、李治、杨辉、朱世杰四大数学家和他们的数学著作。宋元数学在高次方程和高次方程组的解法、一次同余式的一般解法、级数求和以及高次内插法等方面都做出了很多成就。探讨宋元数学和宋元社会之间的关系，将是

非常重要和很有吸引力的问题。

中国封建社会延续时间比较长，统治阶级为了不断巩固自己的地位，也不断对封建社会结构的各个方面进行了调整。首先是生产关系。比较大的一次调整，是从唐中叶开始直到北宋初年才完成的。世袭占田制度调整为土地自由买卖，货币地租逐渐变为主要的剥削形式，劳动者获得较大的人身自由。这种调整使得社会各阶层的生产积极性大为提高，出现了北宋时期封建经济的繁荣。随之而来的是包括数学在内的科学技术发展的全面高涨。

其次，哲学思想和学术风气的发展可能是宋元数学发展的另一社会原因。宋元理学，在当时，既不像汉代儒术那样被崇为一尊，更不像明代那样，把朱熹奉为不可或违的官方哲学，讨论辩难之风盛行。在这种情况下，自古以来对中国古代科学发展产生过一定影响的“天人感应说”，在很大程度上被削弱了。不仅具有唯物主义倾向的人主张“天人相分”“天变不足畏”，就是唯心主义的理学家们也大都抛掉“天人感应说”而以“太极”（客观唯心主义）或“心”（主观唯心主义）为宇宙之本。从宋元数学著作的序言以及当时所采用的专门术语（如把常数项放置在中间的所谓“元气居中”；常数项旁标以“太”字，也是“太极”的意思）等方面，也可以看出当时的哲学思潮对数学发展的影响。

总之，宋元数学也是宋元社会发展的必然产物。

三、中国古代数学停滞不前和明清社会

明代以后，中国古代数学非但没有在宋元数学的基础上更加前进一步，反而呈现出停滞不前的状态，甚至衰废，几乎成为绝学。包括数学在内的、对中国近代科学落后原因的探讨，逐渐引起国内外学者的注意。

明代已是中国封建社会的没落时期，社会生产虽然得到发展，但是明代政治却是极其腐朽和反动的。封建的中央集权统治达到了空前的地步，更设锦

衣卫、东西厂，宦官擅权，对全国实行残酷的特务统治。朝廷规定用八股文取士，奉朱熹等人的著作为必须遵奉的官方哲学，主观唯心主义的心学盛行一时。一般的读书人皓首穷经，蔑视科学技术，以为是“玩物丧志”。明末科学家徐光启说，“算数之学，特废于近世数百年间尔。废之缘有二，其一为明理之儒士苴天下实事；其一为妖妄之术谬言数有神理……。往昔圣人所以制世利用之大法，曾不能得之士大夫间”，所说的正是宋元数学在明代衰废的原因。

自古以来，中国数学和中国天文学的发展总是相辅相成的，这两个学科的关系十分密切。明代数学的落后和明代天文学的衰退是分不开的。明代初年起，朝廷就有禁令：“习历者遣戍，造历者殊死。”《大明律》中还规定：私习天文者杖一百，还规定对告密者进行奖赏。一方面政府以“四书五经”命题，八股取士；另一方面又严厉禁止研究。由于种种反动政策的施行，到了明代末年国家需要对历法进行改革时，通晓天文算法的人才已十分罕见，这种情况则刚好为当时来到中国的传教士提供了机会。明末清初传入的三角学和对数（《几何原本》则是作为了解西方科技的本源）等，正符合了当时中国社会的需要。

当时传入的数学知识虽然还不能说是西方数学的最新成就，但由于西方数学是后来世界数学发展的主流，只要迎头赶上，也不会有其后三四百年落后的历史。明清两家封建王朝都没有采取正确的政策。事实证明，任何一个封建王朝，都是不可能认识到科学技术在社会发展进程中的重要作用的。到了清雍正帝即位之后，更采取了闭关自守、封建锁国的政策，西方数学的传入停顿了一百几十年之久。正是在这期间，西方数学有了突飞猛进的发展，差距拉得越来越大了。在资本主义道路上迅跑的西方，在科学技术的各个领域（包括数学在内），把在封建主义老路上缓慢行走着的中国远远抛到了后面。

1840年鸦片战争之后的西方数学的第二次传入，和整个洋务运动以来传入的西方科学技术一道，在清王朝错误的“中学为体、西学为用”的总方针指引下，留给后人的乃是在学习西方先进科学技术方面一次失败的经验和教训。

总之，明清数学的停滞和落后与明清社会的政治、经济、哲学思想以及其他的社会条件，都是分不开的。

出版说明

“新编历史小丛书”承自20世纪60年代吴晗策划的“中国历史小丛书”，其中不少名家名作已经是垂之经典的作品，一些措辞亦有写作伊初的时代特征。为了保持其原有版本风貌，再版过程中不做现代汉语的规范化统一，读者阅读时亦可从中体会到语言变化的规律。

“新编历史小丛书”编委会

图书在版编目（CIP）数据

中国古代数学史话 / 杜石然著. -- 贵阳：贵州人民出版社，2023.12
（新编历史小丛书. 史话）
ISBN 978-7-221-18107-7

Ⅰ. ①中… Ⅱ. ①杜… Ⅲ. ①数学史－中国－古代－普及读物 Ⅳ. ①O112-49

中国国家版本馆CIP数据核字(2023)第211018号

新编历史小丛书·史话

中国古代数学史话

ZHONGGUO GUDAI SHUXUE SHIHUA

杜石然 ◎著

出 版 人　朱文迅
责任编辑　杨　礼
装帧设计　陈　电
责任印制　蔡继磊

出版发行　北京出版集团　文津出版社
　　　　　贵州出版集团　贵州人民出版社
地　　址　贵阳市观山湖区中天会展城会展东路SOHO公寓A座
印　　刷　贵州新华印务有限责任公司
版　　次　2024年2月第1版
印　　次　2024年2月第1次印刷
开　　本　880 mm × 1230 mm　1/32
印　　张　3.25
字　　数　28千字
书　　号　ISBN 978-7-221-18107-7
定　　价　18.00元